Sitzungsberichte der Heidelberger Akademie der Wissenschaften
Mathematisch-naturwissenschaftliche Klasse
Jahrgang 1978, 6. Abhandlung

Hermann Schildknecht

Über die Chemie der Sinnpflanze
Mimosa pudica L.

Mit 22 zum Teil farbigen Abbildungen

(Vorgelegt in der Sitzung vom 10. Juni 1978)

Springer-Verlag Berlin Heidelberg New York 1978

Professor Dr. Hermann Schildknecht
Organisch-Chemisches Institut der Universität
Im Neuenheimer Feld 270
6900 Heidelberg

ISBN-13: 978-3-540-09290-2   e-ISBN-13: 978-3-642-46402-7
DOI: 10.1007/978-3-642-46402-7

Das Werk ist urheberrechtlich geschützt. Die dadurch begründeten Rechte, insbesondere die der Übersetzung, des Nachdruckes, der Entnahme der Abbildungen, der Funksendung, der Wiedergabe auf photomechanischem oder ähnlichem Wege und der Speicherung in Datenverarbeitungsanlagen bleiben, auch bei nur auszugsweiser Verwertung, vorbehalten.

Bei Vervielfältigung für gewerbliche Zwecke ist gemäß § 54 UrhG eine Vergütung an den Verlag zu zahlen, deren Höhe mit dem Verlag zu vereinbaren ist.

© by Springer-Verlag Berlin · Heidelberg 1978
Softcover reprint of the hardcover 1st edition 1978

Die Wiedergabe von Gebrauchsnamen, Warenbezeichnungen usw. in diesem Werk berechtigt auch ohne besondere Kennzeichnung nicht zu der Annahme, daß solche Namen im Sinne der Warenzeichen- und Markenschutz-Gesetzgebung als frei zu betrachten wären und daher von jedermann benutzt werden dürften.

Universitätsdruckerei H. Stürtz AG, Würzburg
2123/3140-543210

Inhalt

A. Vorwort 7
B. Einleitung 8
C. Die Seismonastie von *M. pudica L.* 10
 1. Der Mechanismus der schnellen Mimosenreaktion 12
D. Reizleitung bei *M. pudica L.* 14
 1. Ist die Suche nach einem Bewegungsstoff ein chemisches Scheinproblem? 16
 2. Nachweis endogener chemonastischer Wirkstoffe in *M. pudica L.* mit einem Bewegungstest 16
E. Bewegungsstoffe – Leaf Movement Factors 18
 1. Das Ausgangsmaterial für die Isolierung der bewegungsaktiven Substanz. 18
 2. Isolierung der Bewegungsstoffe aus *M. pudica L.* . . . 19
 3. Aminosäuren als »Leaf Movement Factors« 20
F. Strukturaufklärung des ersten Bewegungsstoffes (M-LMF) aus *M. pudica L.* 22
G. Kritische Betrachtung 29
H. Literatur 31

> Schläft ein Lied in allen Dingen,
> Die da träumen fort und fort,
> Und die Welt hebt an zu singen,
> Triffst du nur das Zauberwort.
>
> Eichendorff

A. Vorwort

Ein Naturforscher darf auch die Sprache der Moleküle gebrauchen, um anstelle eines Zauberwortes, mit einer Substanz die »Melodie« eines Naturphänomens zu enträtseln, das lange nur philologisch, philosophisch oder poetisch beschrieben worden war. Gemeint ist das ungewöhnliche Verhalten der Sinnpflanze *Mimosa pudica L.*, die bei der leisesten Berührung zuerst ihre Fiederblättchen paarweise zusammenklappt; dann neigen sich die vier Blattstrahlen zueinander und schließlich legt sich das ganze Blatt nach unten an den Sproß (Abb. 1). Nach einigen Minuten,

Abb. 1. *Mimosa pudica L.* mit einem zusammengefalteten Blatt, das auch an den Sproß angelegt worden ist

wenn man die Reaktion der Mimose schon beendet glaubt, beginnen die anderen Blätter auf- und abwärts am Stamm das gleiche Spiel. Die Mimose kollabiert so gänzlich und sieht jetzt wie vertrocknet, wie gestorben aus. Im Sanskrit heißt die Mimose deswegen CHUI MUI: Rührst Du mich an, so bin ich tot! Nicht so trefflich wird das faszinierende Verhalten durch die Bezeichnung Mimosa wiedergegeben – aus dem Griechischen mimos »Schauspieler«, »Spötter« – besser schon durch die Namen Nolimetangere oder Rührmichnichtan. Allein schon diese Namen für die gleiche Pflanze sollte uns veranlassen, über den Sinn der Mimosenreaktion nachzudenken.

B. Einleitung
Über den Sinn der Bewegungsreaktion der schamhaften Sinnpflanze *M. pudica* L.

Der Reizbarkeit der afrikanischen Sinnpflanze gedenken, nach A. v. HUMBOLDT (1849), schon der griechische Philosoph und Naturforscher THEOPHRAST und der lateinische Schriftsteller PLINIUS, der Ältere. 1518 fiel den Spaniern in den Savannen am Isthmus um Nombre de Dios die südamerikanische Sensitive (Dormideras) auf, und 1608 berichtet der weitgereiste niederländische Botaniker CAROLUS CLUSIUS, daß ein gewisser Philosoph in Malabar über dem zu großen Eifer, die Natur der indischen Mimose zu ergründen, verrückt geworden sei.

Den Sinn der Mimosenreaktion auf Berührung sieht REINHARDT (1924) so: »..., denn sicherlich werden weidende Tiere, welche die zarten Blätter solcher Sensitiven beschnuppern und mit dem Maule berühren, durch diese ... auffallenden plötzlichen Bewegungen der Blätter befremdet und erschreckt und unterlassen es, diese unheimlichen Wesen abzufressen ...«. Ich verstehe die Psyche eines Schafes, einer Ziege oder eines Esels kaum, kann mir aber nicht vorstellen, daß die lautlose, ja schamhafte Bewegung der Sinnpflanze die Tiere erschrecken soll.

Ich glaube eher – und diese Gedanken kamen mir, als ich in Assam in Jorhat mit einer Mimose spielte oder sie gar ärgerte –, daß das weidende Tier die nach der Berührung »verschwundene« Pflanze einfach nicht mehr sieht. Was vorher saftig grün war, sind nur noch ein paar dürre Ästchen, die ohne einen Schatten zu werfen und nun gefärbt wie das umgebende Land, verlassen werden (Abb. 2).

Die Sinnpflanze hat sich durch eine Art »Flucht aus dem Raum« den Blicken des Angreifers entzogen und ich möchte darin eine Abwehr-

Abb. 2. *Mimosa pudica* L. vor und nach der Berührung, auf einem ockerfarbenen Boden in Jorhat (Assam) aufgenommen

reaktion sehen. Diese Ansicht kann ich mit noch zwei weiteren Bildern belegen. Auf den am Stadtrand von San José in Costa Rica aufgenommenen Photographien sieht man, wie die Mimose bei ihrer Abwehrreaktion die Blätter nicht nur an den Sproß anlegt, sondern sie zugleich auf den Boden drückt, wie ein Huhn, das von einem Habicht bedroht wird.

Abb. 3. *M. pudica L.* vor und nach der Berührung am Straßenrand in der Nähe von San José in Costa Rica aufgenommen

C. Die Seismonastie der *M. pudica L.*

Die naturwissenschaftlichen Kriterien lebender Organismen sind der Stoffwechsel, die Vermehrung, aber auch die Reizbarkeit. Durch sie zeigen vor allem die höheren Tiere ein mehr oder minder ausgeprägtes

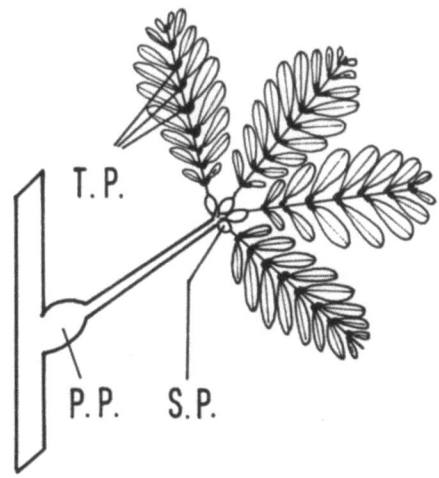

Abb. 4. Schematische Zeichnung eines Mimosenblattes am Hauptsproß. Primärer (P.P.), sekundärer (S.P.) und tertiärer Pulvinus (T.P.)

Verhalten, z.B. beim Wechsel von Aggression und Defension als Antwort auf gegenseitige Irritation. So besehen, möchte man den Pflanzen kein Verhalten zuschreiben, da die Reaktion auf einen Reiz entweder kaum sichtbar oder zu langsam verläuft, besonders wenn es sich um Bewegungen handelt. Diese sind aber gar nicht selten und können auch schnelle Reaktionen sein, wie man am Beispiel der Mimose demonstrieren kann.

Sind Bewegungen von Pflanzen durch ihre innere Organisation unabhängig vom äußeren Reiz in ihrem Richtungsverlauf fixiert (HARTMANN, 1953), dann spricht man von Nastien. Um eine Seismonastie handelt es sich demnach, wenn die Bewegung die Reaktion auf Erschütterung ist. Die ihr zugrunde liegenden Strukturen sind bei *M. pudica L.* leicht zu erkennen. Es sind die Gelenkpolster, die am Ende der Stiele der Fiederchen, der Fiederblättchen und der ganzen Blätter sitzen; vgl. Abb. 4.

Die erste Reizperzeption durch mechanische Reize – der auslösende Minimaldruck liegt in der Größenordnung der Berührungsempfindlichkeit der menschlichen Hand – beruht auf einer Deformation des kontraktilen Teiles der Pulvinuszellen (J.C. FONDEVILLE, 1965). Diese sind groß und dünnwandig, enthalten große Zellsafträume (Vakuolen) und sind umgeben von vielen Zwischenzellräumen (Interzellularen).

Wird wie eben beschrieben ein Gelenk gereizt, so färbt sich seine Unterseite dunkler, indem Flüssigkeit aus den Zellen in die Interzellularen austritt und die Luft verdrängt wird. Das Austreten von Wasser bzw. Zellsaft aus dem primären Pulvinus kann nach DUTT (1957) auch mit einem Mikrophotometer registriert werden. Für den resultierenden Bewe-

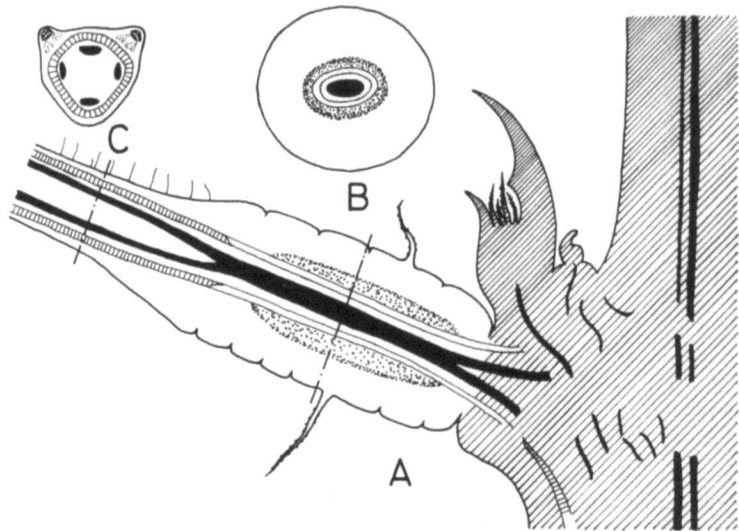

Abb. 5. Blattgelenk von *M. pudica* L. A. Längsschnitt mit Leitbündelverlauf (schwarz), B. Querschnitt durch das Gelenk, C. Querschnitt durch den Blattstiel links, nach H. ZIEGLER

gungsablauf ist wichtig, daß die sonst peripher verlaufenden Leitbündelstränge im Gelenk selbst zu einem zentralen Strang zusammengefaßt sind, so daß das Gelenk sich bewegen kann; vgl. Abb. 5.

1. Der Mechanismus der schnellen Mimosenreaktion

Wie die eigentliche Aufnahme des seismischen Reizes durch die Motorzellen der Blattgelenke von *M. pudica* erfolgt, weiß man noch nicht. Was aber zum »Ausbluten« der Zellen führt, ist durch die Arbeiten von TORIYAMA (1971, 1972) erklärbar geworden. Danach kontrahieren sich beim Reiz große Tanninvakuolen im unteren Teil des Pulvinus, wobei von deren Membran Ca^{++}-Ionen in die Zentralvakuole abgegeben werden; vgl. Abb. 6. Gleichzeitig entläßt das Plasmalemma K^+-Ionen in die intrazellulären Räume. Diese Vorgänge sind mit einem Turgorverlust der Motorzellen der Pulvinusunterseite verbunden und die Zellen der Pulvinusoberseite dehnen sich unter Wasseraufnahme maximal aus. Es kommt zu einer »Drehung« um den zentralen Leitbündelstrang.

Man kann also sagen, daß die Ursache der Bewegung der Verlust der Semipermeabilität ist, letztlich also die Änderung submikroskopischer Strukturen in den Plasmagrenzschichten und der dadurch bedingte Austritt von Gewebesaft aus der Vakuole in den Plasmaschlauch. Solche

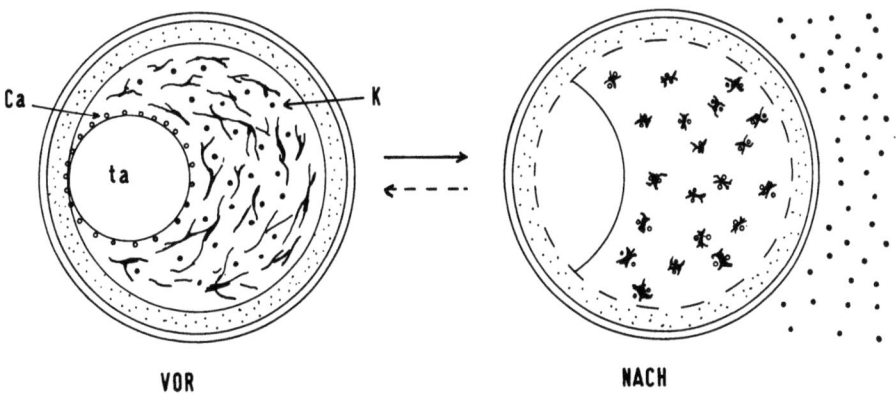

Abb. 6. Funktionsschema der abaxialen Motorzellen von *M. pudica L.*, nach TORIYAMA und JAFFE, 1972. *ta* Tanninvakuolen

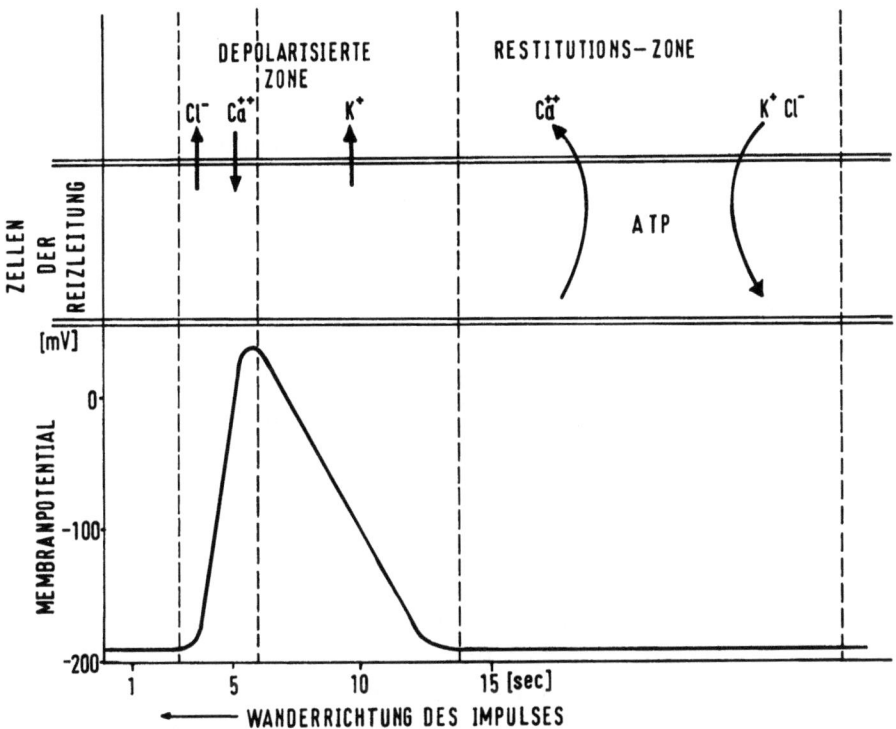

Abb. 7. Allgemeines Schema eines fortgeleiteten Aktionspotentials in Pflanzenzellen

Vorgänge sind aber auch immer mit elektrischen Potentialänderungen verknüpft.

Jede Zelle ist polarisiert; in ihr befinden sich mehr K^+-Ionen und Cl^--Ionen, aber weniger Ca^{++}-Ionen als außen. Dieses Ungleichgewicht äußert sich durch ein Ruhepotential von −50 bis −200 mV und wird durch in der Zellmembran lokalisierte, energieabhängige Ionenpumpen aufrechterhalten. Durch einen äußeren physikalischen oder chemischen Reiz wird die Zelle depolarisiert, indem passiv Cl^--Ionen aus- und Ca^{++}-Ionen eintreten; vgl. Abb. 7. Das dadurch ausgelöste Aktionspotential klingt durch einen anschließenden Austritt von K^+-Ionen aus der Zelle auf den Wert des Ruhepotentials wieder ab.

Durch mit CN^--Ionen und DNP blockierbaren Ionenpumpen werden die eben geschilderten Ionentransporte umgekehrt. Während dieser sog. Restitutionsphase befindet sich die Zelle im Refraktärstadium (K. UMRATH, 1935, 1959) mit kleiner Erregbarkeit.

D. Reizleitung bei *M. pudica* L.

Schon seit den Arbeiten von BOSE (1907) und RICCA (1916) wissen wir, daß für die Reizleitung zwei Komponenten verantwortlich gemacht werden können: eine rein biophysikalische und eine mehr biochemische. Eine braucht die andere nicht auszuschließen; ja sie laufen sehr wahrscheinlich nebeneinander her.

Das Aktionspotential, das durch eine Erschütterung der Pflanze ausgelöst wird, pflanzt sich entlang der primären und sekundären Blattstiele, sowie des Stengels mit einer Geschwindigkeit von etwa 20 mm/s fort, tote Zellen und die Pulvini nicht passierend. Wie die Potentialänderungen von Zelle zu Zelle übertragen werden, weiß man nicht, dagegen konnte SIBAOKA (1954, 1962 und 1966) zeigen, daß eventuell für diese »schnelle Reizleitung« bestimmte parenchymatische Zellen im Phloem und Protoxylem des primären Blattstieles in Frage kommen. Bereits UMRATH (1928), HERBERT (1922) und BOSE (1926) wiesen auf eine elektrische Reizleitung im Leitbündelsystem hin.

Reizt man aber die Mimose mit offener Flamme oder verwundet man sie, dann wird ein »Variationspotential« ausgelöst, das sich mit nur 2–5 mm/s Geschwindigkeit fortpflanzt. Seine Potentialkurve überstreicht eine breite Fläche und es kann totes Gewebe und die Pulvini überqueren. Diese Eigenschaft läßt sich eigentlich nur vernünftig mit einer Reizsubstanz erklären, die dann auch RICCA (1916) mit seinem berühmten Glasröhrenversuch nachgewiesen hat. Er verband die Enden eines auseinandergeschnittenen Mimosensprosses mit einem wassergefüllten Glasröhrchen und erreichte damit, daß ein im unteren Teil ausgelöster Reiz sich durch die Brücke hinweg zum oberen Sproßteil fortsetzte. Er glaubte sogar eine wandernde Reizsubstanz gesehen zu haben.

Über die Chemie der Sinnpflanze *Mimosa pudica L.*

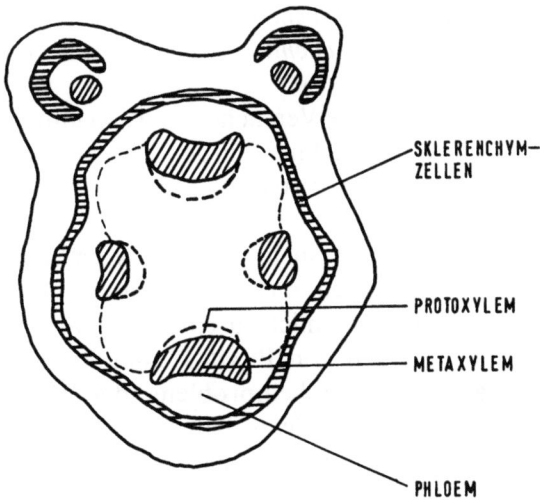

Abb. 8. Schematischer Querschnitt des primären Blattstieles von *M. pudica L.*, nach SIBAOKA (1966)

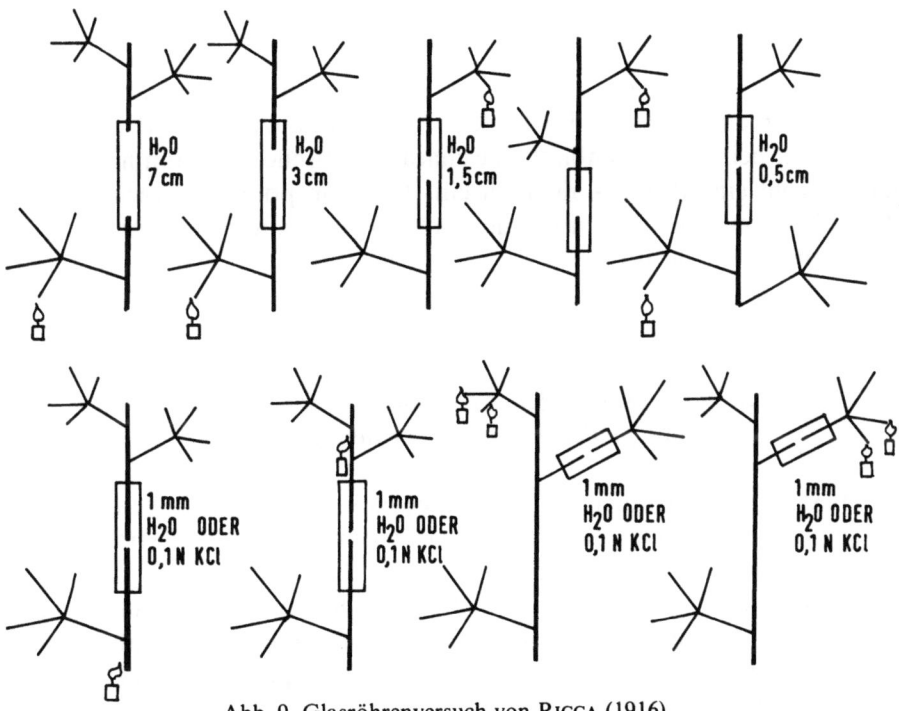

Abb. 9. Glasröhrenversuch von RICCA (1916)

1. Ist die Suche nach einem Bewegungsstoff ein chemisches Scheinproblem?

Lange Zeit blieben die Versuche, die Bewegungsstoffe oder Wundhormone, wie sie auch bezeichnet wurden, zu isolieren ohne nennenswerten Erfolg (FITTING, 1936; SOLTHYS und UMRATH, 1936, 1938; HESSE, 1939, 1957; BANERJEE, 1946).

Als auch wir den Versuch von RICCA nicht reproduzieren konnten (TAUSCHER, 1975), hatten meine Zweifel am substantiellen Charakter des Mimosenphänomens mich in eine Lage versetzt, die wohl noch am besten mit den Worten von PLANCK charakterisiert werden kann, aus einem Vortrag über die Scheinprobleme der Wissenschaft (M. PLANCK, 1967): »Und manche Probleme haben etwas Hartnäckiges an sich; sie lassen uns nicht los, und die quälenden Gedanken an sie können sich unter Umständen in einem solchen Grade steigern, daß sie uns den ganzen Tag verfolgen und sogar nachts den Schlaf rauben. Wenn uns dann zufällig einmal die Lösung eines Problems gelingt, so empfinden wir das als eine Art Befreiung und freuen uns über die Bereicherung unseres Wissens. Ganz anders ist es aber, und in hohem Maße ärgerlich, wenn wir nach langem Abmühen die Entdeckung machen, daß das Problem gar keiner Lösung fähig ist, weil es entweder bei Lichte besehen, überhaupt keinen Sinn hat, daß es sich also um ein Scheinproblem handelt, und daß wir alle darauf verwendete Denkarbeit für ein Nichts geopfert haben.«

Von diesem Alpdruck wurde ich erst wieder befreit als uns der Nachweis gelang, daß aus allen Teilen der Mimosenpflanze ein Stoff extrahierbar ist, der beim Mimosenblatt eine charakteristische Reaktion hervorruft und sowohl ein Aktions- als auch ein Variationspotential erzeugt. Man darf also von einer Chemonastie sprechen, die endogener Art ist, da die chemischen Substanzen in irgendeiner Form in der Mimose selbst vorkommen.

2. Nachweis endogener chemonastischer Wirkstoffe in M. pudica L. mit einem Bewegungstest

SIBAOKA (1953) studierte vor allem die elektrophysiologischen Begleiterscheinungen der Chemonastie, bewirkt durch wäßrige Extrakte von Mimosenblättern. Er findet Reaktionszeiten, die mit dem langsamen »Variationspotential« übereinstimmen. Sobald die sekundären Pulvini reagiert haben, breitet sich das oben erwähnte Aktionspotential entlang der sekundären Blattstiele aus. Das gleiche elektrophysiologische Verhalten findet SIBAOKA (1953), wenn er ein Fiederblättchen am abgeschnitte-

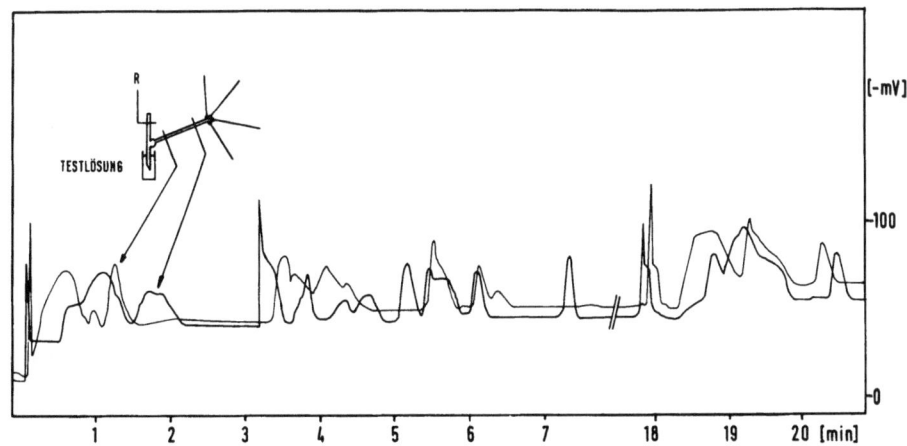

Abb. 10. Elektrophysiogramm eines chemischen Reizes im Blattstengel von *M. pudica L.* nach einem Versuch von M. STOECKEL (1975)

nen Ende ansengt. Von besonderem Wert sind die Messungen elektrischer Potentialänderungen am lebenden Pflanzengewebe. Ein von STOECKEL registriertes Elektrophysiogramm zeigt die Abb. 10.

Mit diesem elektrophysiologischen Test kann man durch die Registrierung von Aktionspotentialen chemonastische Wirkstoffe in Mimosenextrakten nachweisen, wenn deren Inhaltsstoffe die Permeabilität der Zellmembranen verändern. Einfacher aber ist es mit einem Sichtest zu arbeiten, bei dem oberhalb des Pulvinus abgeschnittene Fiederblättchen in den zu testenden Extrakt gestellt werden. Man mißt dann einfach die Zeit, nach der die sich entfalteten Fiederblättchen sichtbar zusammenklappen. Dieser Test wird in einer Klimakammer mit optimaler Beleuchtung, einer Temperatur von 28° C und bei einer relativen Luftfeuchtigkeit von 90 bis 95% ausgeführt.

Dieser Biotest mit dem intakten Blatt als Testobjekt ist bei allen Nachteilen, die eine lebende Materie mit sich bringt, noch am besten geeignet, das Bewegungsphänomen chemisch im wahrsten Sinne des Wortes »abzutasten«. Wichtig ist nur, daß man die oben beschriebenen Standardbedingungen einhält und die Bewegungsreaktion neben der Registrierung der Reaktionszeit genau beobachtet – z.B. wie die Fiederblättchen und in welcher Reihenfolge sie zusammenklappen. Die Reaktion der Pulvini und die oben beschriebene Reizleitung im Stengel ist bei verschiedenen Reizsubstanzen verschieden. Die Testzeiten sind auch stark vom Blattalter und der Tageszeit abhängig, und als günstigste Testzeit erwies sich in den Monaten März bis Oktober eine Tageszeit von 10 bis 13 Uhr. Nicht reproduzierbar sind die Testergebnisse nach dem Düngen und dann, wenn man Blätter nimmt, in deren Achseln Blüten stehen.

Am besten geeignet sind die 2. und 3. Fiederblätter, von der Sproßspitze aus gezählt.

Der Test mit dem Mimosenblatt erlaubt es nicht, Lösungen mit unterschiedlicher Konzentration zu unterscheiden. Das kommt davon, daß die für die Bewegung nötige Energie einem Depot entnommen wird, aus dem nach dem Alles-oder-Nichts-Gesetz (BÜNNING, 1953) bei verschiedenen starken Reizen, durch ein und dieselbe Substanz bewirkt, fast immer die gleichen Energieportionen abfließen. Der Reiz ist also nur die Ursache der Energieabgabe, hat aber keinen Einfluß auf deren Intensität. In diesem Zusammenhang ist der Befund von SIBAOKA (1953) interessant, wonach die Reaktionszeit in Abhängigkeit von der Konzentration der Rohextrakte durch eine rechtwinkelige Hyperbel beschrieben wird.

E. Bewegungsstoffe – Leaf Movement Factors

1. Das Ausgangsmaterial für die Isolierung der bewegungsaktiven Substanz

Die sensitive Mimose ist eine Staude, die – in Südamerika beheimatet – über den gesamten Tropengürtel als Unkraut oder auch begehrte Futterpflanze weit verbreitet ist (HEGI, 1924). Große Materialmengen für unsere Versuche lieferte uns Dr. K. FRIEDRICH aus Itu (SP-Brasil). Trotzdem versuchten auch wir die Pflanze im Gewächshaus zu kultivieren.

Die Anzucht der Pflanzen gelingt aus Samen, die im Handel erhältlich sind. Die Pflanzen gedeihen im Warmhaus bei einer Tagestemperatur von 25°C und können mit Mischlicht einer Zusatzbeleuchtung von Osram-Fluora Leuchtstoffröhren und Quecksilberhochdrucklampen auch im Gewächshaus gut über den Winter gebracht werden (die Gesamtbeleuchtungsstärke darf nicht unter 5000 Lux liegen und soll mindestens 12 Std. andauern). Vorteilhaft ist die Möglichkeit einer automatischen Nachtabsenkung auf 15°C. Die relative Luftfeuchte sollte nicht unter 60% sein. Die so im Gewächshaus vorgezogenen Pflanzen sind auch als Testpflanzen zu gebrauchen, wenn man sie in der Klimakammer zwei Wochen lang akklimatisiert.

Aufgrund alter Literaturhinweise (FITTING, 1936) und eigener Versuche mußten wir darauf gefaßt sein, daß der gesuchte Bewegungsstoff in der Mimose in fast allen Pflanzenteilen vorkommt, aber nur in einer sehr kleinen Konzentration. Wie dem auch sei, die Aufarbeitung (s. nächster Abschnitt) ist so kompliziert und zeitaufwendig, daß auch bei

Abb. 11. *Mimosa pudica L.* mit Blüte und Samenkapseln auf einem Forschungsgelände in Heidelberg, Hainsbachweg

ursprünglich für die Chemie ausreichende Substanzmengen aus einem langen Trennungsweg sich entweder zum großen Teil zersetzen oder auf einem undurchsichtigen Weg in unbekannte Pfade verlieren. Wir haben dem vorgebeugt und auf einem Forschungsgelände zwischen Leimengrube und Hainsbachweg in Heidelberg eine Mimosenplantage angelegt. Hier gedeiht die Mimose auch im Freiland. Man versetzt entweder im Gewächshaus gezogene junge Pflanzen während der ersten warmen Frühjahrswochen in einem Frühbeetkasten, oder kräftigere Pflanzen gleich auf das Feld. Eine gute Ernte erzielt man nur, wenn man regelmäßig das Unkraut jätet und die Mimosenfelder künstlich beregnet.

2. *Isolierung der Bewegungsstoffe aus M. pudica L.*

Erst nachdem wir den Bewegungstest sicher und das Ausgangsmaterial ausreichend in Händen hatten, versuchten wir nach anfänglichen Fehl-

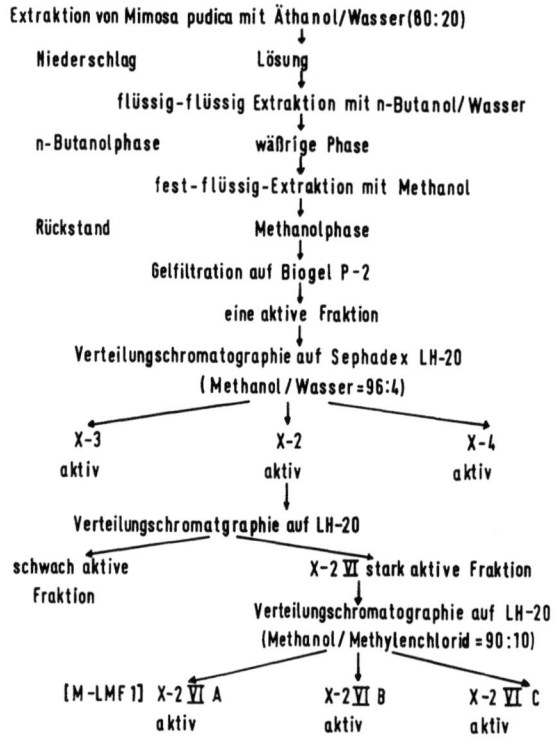

Abb. 12. Trennungsgang für die Bewegungsstoffe aus *Mimosa pudica L.*

schlägen (PESH-IMAM, 1968; GROH, 1970; SCHNEIDER, 1971) im März 1972 erneut (TAUSCHER, 1975; MOESCHLER, 1979) die Isolierung der lange gesuchten Bewegungsstoffe. Nach FITTING (1936) extrahiert man diese mit 75%igem Alkohol in der Wärme ohne Aktivitätsverlust. Die Ausgangsbasis für unsere Trennungsgänge war ein von Herrn Dr. JAGGY in der Fa. Schwabe (Karlsruhe) aus rund zwei Zentnern eingefrorener Mimosenblätter mit 20%igem Ethanol hergestellter Urextrakt. Daraus isolierten wir nach einem ausgedehnten und dornenreichen Weg zu unserer großen Überraschung mehr als eine aktive Substanz.

3. Aminosäuren als »Leaf Movement Factors«

UMRATH (1927) nannte die wirksamen Verbindungen Erregungssubstanzen, FITTING (1936) Reizstoffe und HESSE (1957) Hormone. Definitionsgemäß versteht man unter Hormone aber einen Wirkstoff, der nicht am Ort seiner Aktivität gebildet und gespeichert wird und noch in hoher Verdünnung wirksam ist. Da wir über diese Eigenschaften der Wirkstoffe

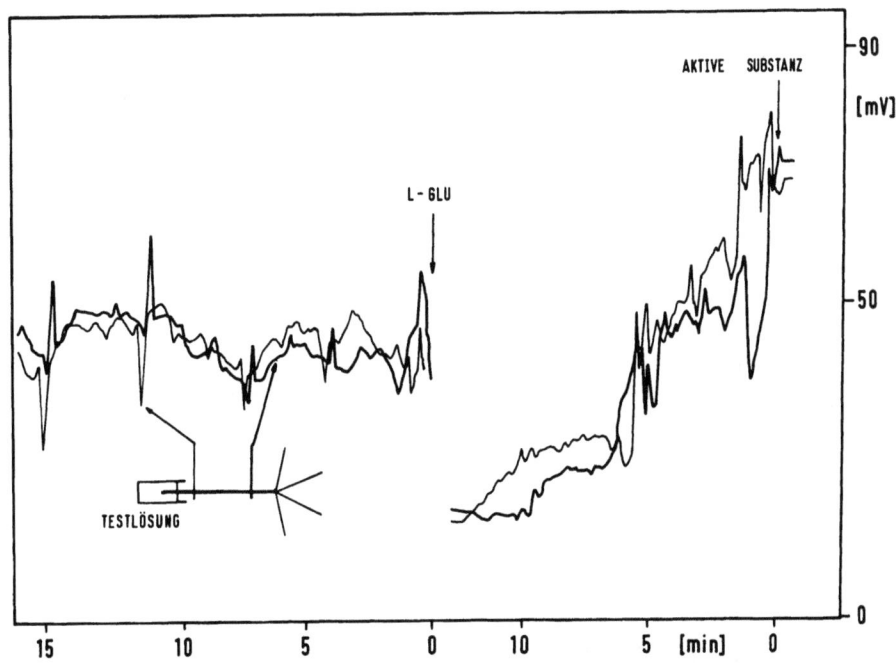

Abb. 13. Elektrophysiogramm der L-Glutaminsäure und eines aktiven Mimosenextraktes

aus *M. pudica L.* noch nichts sagen können, haben wir sie neutral als »Leaf Movement Factors«, abgekürzt LMF, bezeichnet. M-LMF 1 (vgl. Abb. 12) war der zuerst von uns aus der Mimose isolierte Wirkstoff (MOESCHLER, 1979).

Lange Zeit blieb uns selbst die Substanzklasse, in der wir den LMF einzuordnen hatten, unklar, bis sich ein entscheidender Hinweis darauf durch das Verhalten der im Bewegungstest aktiven Substanzen bei der Elektrodialyse ergab. In einer siebenzelligen Elektrodialysierkammer wanderte eine stark aktive Fraktion des durch eine n-Butanolextraktion vorgereinigten Mimosenextraktes zur Anode (TAUSCHER, 1975). Schon einmal hatte FITTING (1930) vermutet, daß Aminosäuren als Reizsubstanzen in Frage kommen könnten.

In der Tat waren zunächst alle besonders durch Gelchromatographie und Extraktion gewonnenen, mehr oder minder sauberen Extrakte, aminosäurehaltig, wenn sie eine Aktivität aufwiesen. Freie Aminosäuren ließen sich auch u.a. durch Dünnschicht-Chromatographie in Mimosenextrakten nachweisen. Davon waren α-Alanin und L-Glutaminsäure mit Reaktionszeiten von 33''–1'39'' bzw. 40''–1'10'' sehr aktiv. Bei der L-Glutaminsäure bleiben die Fiederblättchen aber nicht wie gewöhnlich geschlossen, sondern öffneten sich wieder, um sich dann erneut zusammenzufalten. Diese merkwürdige, periodisch sich fortsetzende Reaktion veranlaßte uns die L-Glutaminsäure elektrophysiologisch zu untersuchen. Verglichen mit einem aktiven, nicht nur Aminosäuren enthaltenden Extrakt aus *M. pudica L.*, ergab sich kein besonderer Kurvenverlauf; vgl. Abb. 13. Dies hätte uns beinahe verleitet, an dieser Stelle die Suche nach weiteren Leaf Movement Factors aufzugeben, zumal auch im Nervensystem von Vertebraten und Invertebraten freie Aminosäuren als synaptische Überträgersubstanzen fungieren können und darüberhinaus nach STEINER (1971) bei den Arthropoden die Aminosäuren dazu beitragen, das osmotische Gleichgewicht mit aufrecht zu erhalten. Anlaß zur Suche nach weiteren LMF war die »nervöse« Reaktion, die Aminosäuren geben, wenn man sie mit dem Bewegungstest untersucht. Die Fiederchen zeigen nicht das gewohnte »disziplinierte« Verhalten, indem sie nicht von der Basis her Paar für Paar sich zusammenlegen, sondern sporadisch reagieren, manchmal sogar gleichzeitig an verschiedenen Stellen. Das Ergebnis ist ein struppig aussehendes Blatt, bei dem sich nicht alle Fiederblattpaare zusammengelegt haben.

F. Strukturaufklärung des ersten Bewegungsstoffes (M-LMF) aus *M. pudica* L.

Trotz wiederholter Trennschritte bei der Aufarbeitung der Mimosenextrakte erhielten wir eine Fraktion, die ein reproduzierbares Testergebnis lieferte, in ihrer Zusammensetzung aber noch uneinheitlich zu sein schien, wie die Elutionsdiagramme der Abb. 14 zeigen. Fraktion B nach einer Trennung auf Sephadex G 25 ergab die aktiven Fraktionen I und II und Fraktion C nach einer Trennung auf Sephadex G 15 die Fraktionen III und IV. Erst Fraktion D, nach einer nochmaligen Auftrennung auf Sephadex G 15 lieferte ein Substanzgemisch, das aber frei von Aminosäuren war und im Test sich als hoch aktiv erwies. Auf diese Basis haben wir aufgebaut und schließlich nach vielen Trennstufen eine extrem gereinigte Fraktion erhalten (vgl. Abb. 14), die gut uv-spektroskopisch charakterisiert werden konnte; vgl. Abb. 15. Wir erhielten damit den ersten sicheren Hinweis auf die Substanzklasse der bewegungsaktiven Stoffe: Die UV-Absorptionsmaxima bei $\lambda_{max}^{MeOH}=311$ und 226 nm und die Fluoreszenz mit einem Maximum $\lambda_{max}^{MeOH}=428$ nm sprach für ein aromatisches Chromophor, die Infrarot-Absorptionsmaxima bei 1580 cm^{-1} ($v_{as}COO^{\ominus}$) und 1376 cm^{-1} ($v_{sy}COO^{\ominus}$) für ein Carboxylatanion (Abb. 16). Ein Literaturstudium ließ uns eine Phenolcarbonsäure vermuten, wie ein Vergleich unserer Absorptionswerte mit denen aus der Literatur ergibt (Abb. 17). Lage und Form der Absorptionskurve stimmte mit der von Gentisinsäure überein.

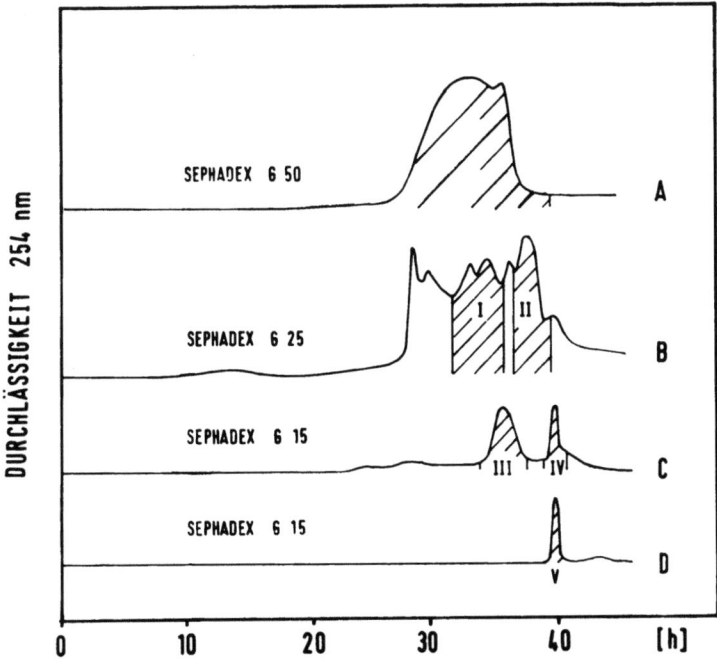

Abb. 14. Elutionsdiagramm des Extraktes nach einer Reinigungsextraktion mit n-Butanol; nach TAUSCHER (1975)

Dieser erste Strukturhinweis wurde durch die Dünnschichtchromatographie des Hydrolysates des M-LMF 1 bestätigt; vgl. Abb. 18.

Aber nicht nur das, wir fanden, nebem einem Fleck für die 2,5-Dihydroxybenzoesäure noch einen weiteren, der aufgrund seiner Laufparameter und seiner chemischen Eigenschaften Glucose sein mußte. Also haben wir im Naturstoff ein Saccharid vorliegen, dessen Aglykon 2,5-Dihydroxybenzoesäure ist.

Durch einen nmr-spektroskopischen Vergleich mit dem synthetisierten Gentisinsäure-5-O-β-D-Maltosid (Kurve B in Abb. 19) (STOLLENWERK, 1977) wurde zunächst die Gentisinsäure bestätigt, aber auch ein zweiter Zucker entdeckt, so daß also der Naturstoff ein Disaccharid ist. Das Signal bei $\delta = 5,06$ konnte dem anomeren Proton einer β-glykosidisch gebundenen D-Glucopyranose in der stabilen $^4C_1$-Konformation zugeordnet werden. Es mußte außerdem dem Benzolring nahe liegen, mit dem der Zuckerrest aufgrund der grünen Eisen-(III)-chloridreaktion (wie Salizylsäure) an C-5 verbunden war, was sich auch circulardichroitisch bestätigte. Eine weitere nmr-spektroskopische Analyse war nicht mehr möglich; dazu fehlten uns die nötigen Substanzmengen.

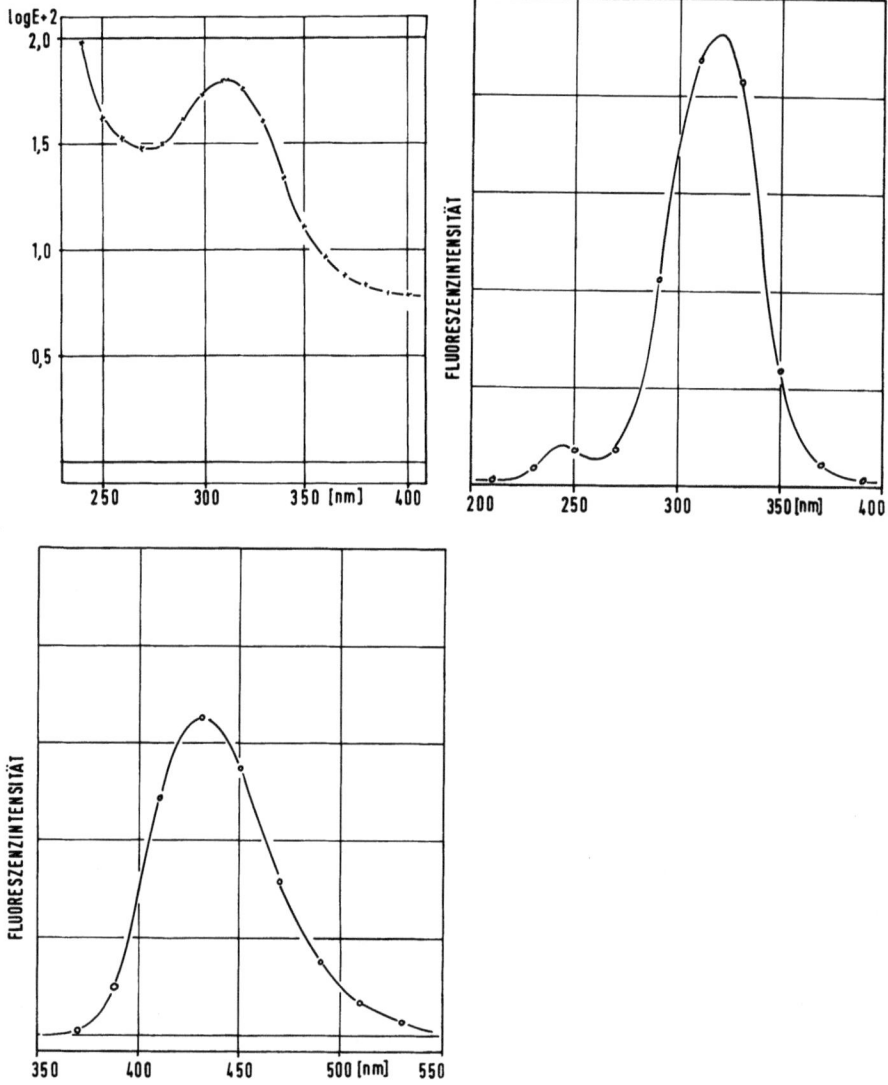

Abb. 15. UV-Absorption und Emission des M-LMF 1. a) UV-Absorptionsspektrum; b) Fluoreszenz-Excitationsspektrum; c) Fluoreszenz-Emissionsspektrum; nach MOESCHLER (1979)

Isolieren und zugleich reinigen kann man einen Naturstoff, der nur in kleinsten Mengen vorliegt, am besten gaschromatographisch. Nicht flüchtige Verbindungen wird man dabei derivatisieren, so daß sie hinreichend in der Dampfphase aufgetrennt werden können.

Die gaschromatographisch reine Substanz kann heute elegant mit einer Massenspektrometrie-Gaschromatographie-Kopplung analysiert

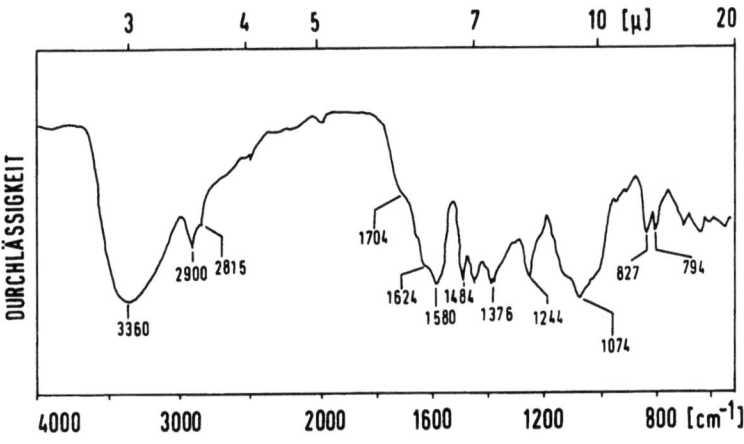

Abb. 16. IR-Absorptionsspektrum des M-LMF 1

PHENOLCARBONSÄURE	METHANOL, λ max [nm]	
	FREIE SÄURE	GLYKOSID
α-PROTOCATECHUSSÄURE	242, 312	235, 305
β-RESORCYLSÄURE	249, 294	244, 288
GENTISINSÄURE	235, 323	232, 313
M-LMF 1	—	312

Abb. 17. Vergleich der UV-Daten

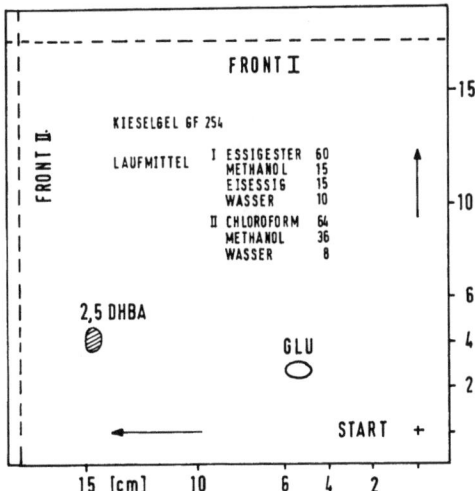

Abb. 18. Zweidimensionales Dünnschicht-Chromatogramm vom Hydrolysat des M-LMF1

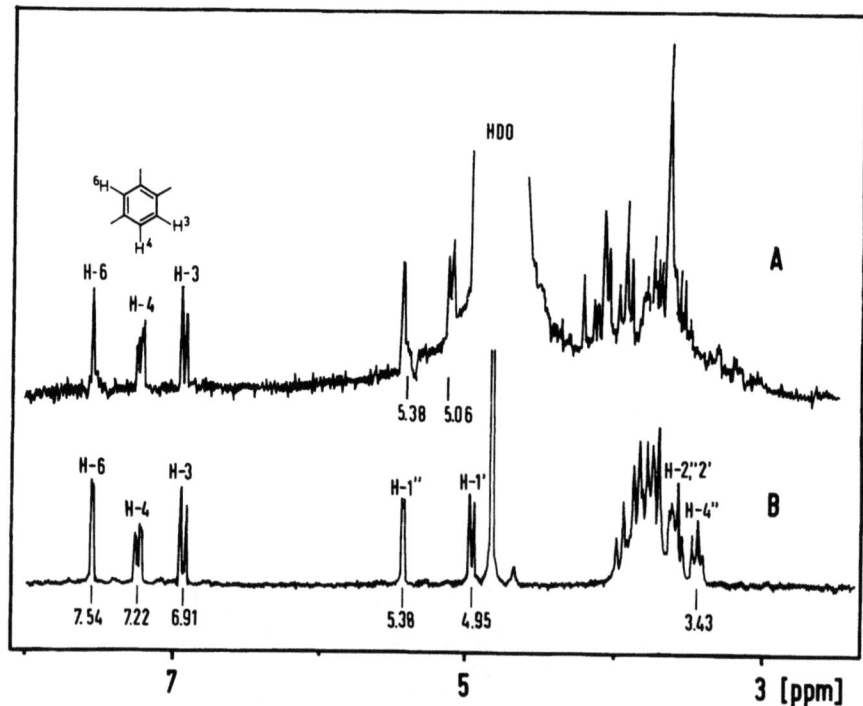

Abb. 19. 270 MHZ ^{1}H-NMR Spektrum des Naturstoffes (A) (41 000 Pulse) und des Gentisinsäure-5-O-β-Maltosids (B) (10 Pulse)

werden. Durch Elektronenstoß erzeugte einfache Fragmente lassen dann Schlüsse auf die Struktur der zu untersuchenden Verbindung zu. Man kann aber auch ein typisches Molekül-Fragment als Indikator bei der gaschromatographischen Analyse verwenden, und kommt so zu sog. Massenfragmentogrammen. So wählten wir das Massenfragment (MF) 379 für den Vergleich mit dem bereits erwähnten Gentisinsäuremonglykosids; vgl. Abb. 20. Die Massenzahl $m/e = 379$ ist zunächst wieder der Beweis gewesen, daß ein Disaccharid vorliegt; erst durch eine eingehende massenspektrometrische Analyse, bei der anstelle von Elektronen mit Ammoniakmolekülen fragmentiert wurde (Chemische Ionisation), wagten wir die Aussage, daß im Wirkstoffmolekül eine Pentose mit einer Glucose mit den in Tabelle 1 gezeigten Verknüpfungsstellen vorliegt.

Das aufregendste Ergebnis aber war, daß wir nach vielen Jahren von dem zunächst doch noch recht mysteriösen Bewegungsstoff ein Molekulargewicht ermittelt hatten. Damit konnten wir endgültig die bange Frage nach dem »Chemischen Scheinproblem« (D 1) als erledigt betrachten; vgl. Abb. 21.

Der weiteren Analyse gingen vier Stufen mikrochemische Umsetzungen voraus. Danach lagen die beiden Zucker nebeneinander gaschromato-

Über die Chemie der Sinnpflanze *Mimosa pudica L.*

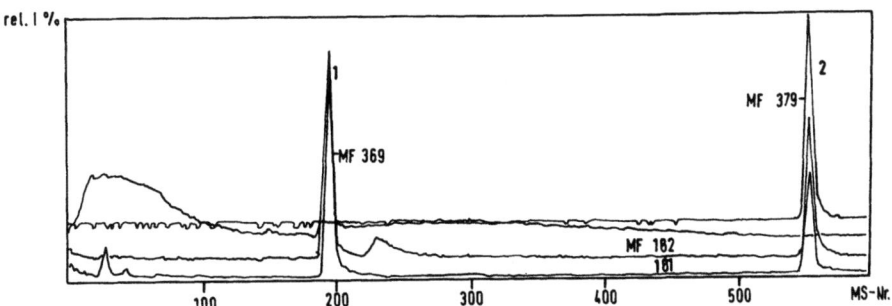

Abb. 20. Massenfragmentogramm des permethylierten Gentisinsäuremonoglykosids (1) und das M-LMF 1 (2)

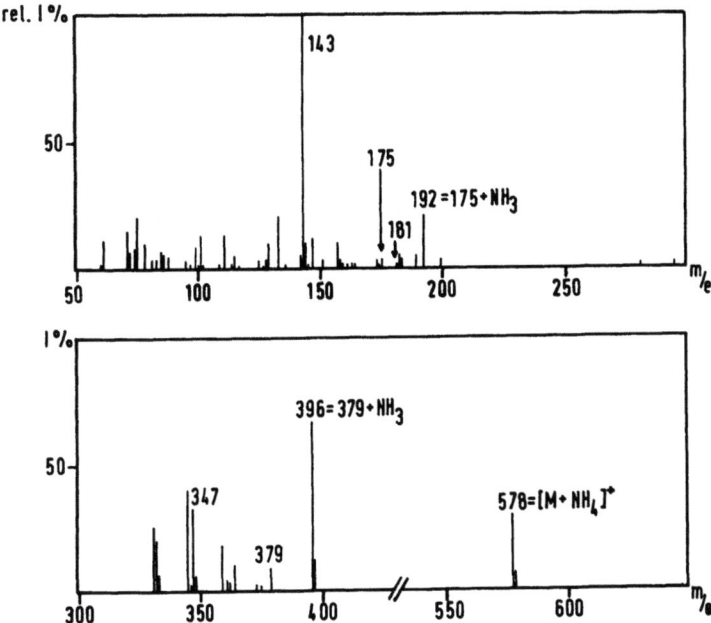

Abb. 21. CI-Massenspektrum des permethylierten M-LMF 1 mit Ammoniak als Reaktionsgas

graphisch getrennt als Methylalditole für die massenspektrometrische Untersuchung vor. Aufgrund ihrer Fragmentierung konnten wir aussagen, daß Glucose mit Apiose verknüpft ist, und außerdem an welchen Molekülstellen.

Nach der Hydrolyse des permethylierten M-LMF 1 konnte durch eine vergleichende GC-MS-Analyse eine cis-Konfiguration der OH-Gruppen an C-2 und C-3 der endständigen Furanose ermittelt werden. Das führte uns (Tabelle 1) zu dem folgenden Strukturvorschlag, der aber noch stereochemischer Ergänzungen bedarf (MOESCHLER, 1979):

Tabelle 1. Strukturanalyse des M-LMF 1

Methodik	Ergebnis
GC/MS-Analyse des permethylierten M-LMF 1 EI-Massenspektrum	m/e 181, m/e 175, m/e 379; PENT$_f$—O—GLU$_p$—O—(Aryl mit COOCH$_3$, OCH$_3$); MG = 560; 1→2, β
CI-Massenspektrum des permethylierten M-LMF 1 mit NH$_3$ als Reaktionsgas	m/e 578 = $[M+NH_4]^+$ als Quasi-Molekülion
Abbau des permethylierten M-LMF 1 (n. LINDBERG): — Hydrolyse (2 N H$_2$SO$_4$) — Reduktion (NaBD$_4$) — Acetylierung (Ac$_2$O/Pyr.) GC/MS-Analyse der Methylalditolacetate (A, B)	A: CHDOAc—CH(OCH$_3$)—C(OCH$_3$)(H$_2$COAc)(CH$_2$OCH$_3$); Fragmente 117+1, 161, 205+1, 205, 233+1 B: CHDOAc—CH(OAc)—CH(OCH$_3$)—CH(OCH$_3$)—CH(OAc)—CH$_2$OCH$_3$; Fragmente 189+1, 161, 45
Hydrolyse des permethylierten M-LMF 1 (MeOH/H$^+$) GC/MS-Analyse der α,β-Permethylapiofuranosen und Vergleich mit den Methyl 2,3,5-tri-O-methyl-α(β)-D-apio-D-furanosiden	CIS-Konfiguration der OH-Gruppen an C-2 und C-3 der endständigen Apiofuranose

G. Kritische Betrachung

Bei sehr aktiven Wirkstoffen – und dazu gehört der M-LMF 1 – läuft man Gefahr, eventuell nur das Lösungsmittel einer hoch aktiven Lösung des noch nicht erfaßten Wirkstoffes chemisch aufzuklären. Dies ist sicher dann unwahrscheinlich, wenn die Strukturermittlung von Stoffen mit gleicher Wirkung, aber aus einer anderen Pflanzenart in die

Tabelle 2. Botanische Systematik von *Acacia karroo*

Familie	Leguminosae (Fabaceae)	
Unterfamilie	Mimosoideae (Mimosaceae)	
Tribus	Acacieae	Mimoseae
Gattung	Acacia	Mimosa
Art	A. karroo	M. pudica

Abb. 22. *Acacia karroo* aus unserer Plantage am Hainsbachweg in Heidelberg

gleiche Substanzklasse führt, wozu der M-LMF 1 gehört. Tatsächlich war dies der Fall bei *Acacia karroo* (EDELMANN, 1978). Eine der aktivsten Fraktionen hatte aufgrund der UV-Spektren aromatischen Charakter. Nach der Hydrolyse des K-LMF III mit Salzsäure konnte D-Arabinose und Salicylsäure erkannt werden, also ein Aglykon, das zur gleichen Substanzklasse gehört wie das Aglykon des M-LMF 1.

Es ist bekannt, daß die genannten Bewegungsstoffe nicht artspezifisch sind; mit dem oben beschriebenen Bewegungstest kann man sie auch in anderen Mimosaceen oder auch Leguminosen nachweisen, z.B. in der eben genannten *Acacia karroo,* einer in Südafrika vorkommenden Akazienart; vgl. Tabelle 2 und Abb. 22. *Acacia karroo* ist nicht sensitiv, faltet aber nachts die Fiederblättchen zusammen, und sieht dann wie eine gereizte Mimose aus.

Hier ist man geneigt zu fragen, ob nicht – geleitet vom Sichtest – Blattbewegungen bei anderen Pflanzenarten- oder gar -gattungen auf chemisch ähnliche Bewegungsstoffe zurückgeführt werden können. Wir kämen dann zu einer neuen Art von Chemotaxonomie, bei der nicht wie üblich, durch chemisch verwandte Inhaltsstoffe verschiedene Arten zusammengeführt werden, sondern verschiedene Phänomene. Dazu bedarf es aber noch einer außerordentlich umfassenden chemischen Analyse, zunächst der Arten, die sich im Test als »wirksam« erwiesen haben; vgl. Tabelle 3.

Tabelle 3. Pflanzen, deren Extrakte im Bewegungstest (D. 2.) »aktiv« sind

Name	Herkunft	Reaktionszeit in Sekunden
Acacia Wrightii	Mexiko	50–90
Acacia rigidula	Mexiko	60–80
Albizzia lophantha	Gewächshaus	50–120
Mimosa sp. gelb, wohlriechend	Brasilien	50
Caesalpinia peltophoroides (sibipuruna)	Brasilien	30–50
Cassia bicapsulata	Brasilien	160–200
Cassia imperialis	Brasilien	70–120
Arachis hypogaea, Erdnuß	Gewächshaus	70–130
Arachis prostrata	Brasilien	100–130
Medicago falcata, Sichelklee	Fränkische Alb	80–100
Prosopis sp.	Mexiko	30–40
Sesbania exaltata	Gewächshaus	50–90
Oxalis stricta, Sauerklee	Garten	50–80
Porlieria angustifolia	Mexiko	40–120
Robinia pseudacacia, Robinie	Garten	60–80

H. Literatur

BANERJEE, B., BHATTACHARYA, G., BOSE, D.M.: Chemical Nature of the Substances which are (1) effective in the Transmission of Excitation in *M. pudica* and (2) active in the Contraction of its Pulvinus. Trans. Bose Research Inst. Calcutta 16, 155 (1944–46)

BOSE, J.CH.: Comparative Elektro-physiology, London: Longmans, Green & Co. 1907

BOSE, J.CH.: The nervous mechanism of plants. New York, Toronto, Bombay, Calcutta u. Madras: Longmans, Green & Co. 1926

BÜNNING, E.: Entwicklungs- und Bewegungsphysiologie der Pflanze, S. 337. Berlin-Göttingen-Heidelberg: Springer-Verlag 1953

DUTT, B.K., GUHA THAKURTA, A.: Loss of turgor in the pulvinus of *Mimosa pudica* due to excitatory contraction. Trans. Boṣe Res. Inst. Calcutta 21, 51. (1956–1958)

EDELMANN, J.: Leaf Movement Factors der *Acacia karroo*. Dissertation Heidelberg 1978

FITTING, H.: Untersuchungen über die chemischen Eigenschaften des Reizstoffes von *Mimosa pudica*. Jb. wiss. Bot. 83, 270 (1936)

FITTING, H.: Untersuchungen über endogene Chemonastie bei *Mimosa pudica*. Jahrb. wiss. Bot. 39, 424 (1930)

FONDEVILLE, J.C.: Recherches sur la sensibilité, la motricité et les rythmes endogenous chez *Mimosa pudica* L̦. Thèses. Poitiers 1965

GROH, W.: Beitrag zur Kenntnis der Erregungssubstanz von *Mimosa pudica*. Diplomarbeit Heidelberg 1970

HARTMANN, M.: Allgemeine Biologie, S. 802 ff. Stuttgart: Gustav Fischer Velag 1953

HEGI, G.: Illustrierte Flora von Mittel-Europa, mit besonderer Berücksichtigung von Deutschland, Österreich und der Schweiz, Band IV, 3. Teil, S. 1126. München: J.F. Lehmanns Verlag 1924

HERBERT, D.A.: Anaesthesia in plants. Philip. Agric., 11, 141 (1922)

HESSE, G.: Über die Natur der Erregungssubstanz von *Mimosa pudica* L. Biochem. Z. 303, 152 (1939)

HESSE, G., BANERJEE, B., SCHILDKNECHT, H.: Die Reizbewegungen der Mimosoideen und ihre Hormone. Experentia (Basel) 13, 13 (1957)

HUMBOLDT, A.V.: Ansichten der Natur – mit wissenschaftlichen Erläuterungen, S. 171. Stuttgart: Verlag der J.G. Cotta'schen Buchhandlung, Nachfolger 1849

MOESCHLER, H.: Leaf Movement Factors der *Mimosa pudica L.*, Dissertation Heidelberg 1979

PESH-IMAM, M.: Über die Erregungssubstanz von *Mimosa pudica*. Dissertation Heidelberg 1968

PLANCK, M.: Scheinprobleme der Wissenschaft. Leipzig: Johann Ambrosius Barth Verlag 1967

REINHARDT, L.: Das Leben der Erde, S. 314. Berlin-Wien: Scherz Verlag 1924

RICCA, U.: Soluzione d' un problema di fisiologia: La propagazione die stimulo nella »Mimosa«. Nuova Giorn. bot. ital. (Nuova Seria) 23, 51 (1916)

SIBAOKA, T.: Conduction mecanism of excitation in the petiole of *Mimosa pudica*. Sc. Rep. Tôhoku Univ., Ser. IV (Biol.) 20, 139 (1954)

SIBAOKA, T.: Excitable cells in *Mimosa*. Science 137, 226 (1962)

SIBAOKA, T.: Action Potentials in Plants Organs. Symp. Soc. Exp. Biol. 20, 49 (1966)

SIBAOKA, T.: Some aspects on the slow conduction of stimuli in the leaf of *Mimosa pudica*. Sc. Rep., Tôhoku Univ. Ser. IV (Biol.), 20, 72 (1953)

SOLTYS, A., UMRATH, K.: Über die Erregungssubstanz der Mimosoideen. Biochem. Z. 284, 247 (1936)

SOLTYS, A., UMRATH, K., UMRATH, CH.: Über Erregungssubstanz, Wuchsstoff und Wachstum, Protoplasma (Berl.) 31, 454 (1938)

SCHNEIDER, D.: Über eine pflanzliche Erregungssubstanz – Die Erregungssubstanz von *Mimosa pudica L.* Dissertation Heidelberg 1971

STEINER, F.A.: Neurotransmitter und Neuromodulatoren, S. 27. Stuttgart: G. Thieme 1971

STOECKEL, M.: Privatmitteilung, Straßburg: 1975

STOLLENWERK, U.: Synthetische Beiträge zur Strukturaufklärung eines Reizhormones aus *Mimosa pudica L.* Diplomarbeit Heidelberg 1977

TAUSCHER, B.: Über die endogene Chemonastie von *Mimosa pudica L.* Dissertation Heidelberg 1975

TORIYAMA, H., SATO, S.: On the Contents of the Central Vacuole in the *Mimosa* Motor Cell. Cytologia **36**, 359 (1971)

TORIYAMA, H., KOMADA, Y.: The Recovery Process of the Tannin Vacuole in the Motor Cell of *Mimosa pudica L.* Cytologia **36**, 690 (1971)

TORIYAMA, H., JAFFE, M.J.: Migration of Calcium and its Role in the Regulation of Seismonasty in the Motor Cell of *Mimosa pudica L.* Plant Physiol. **49**, 72 (1972)

UMRATH, K.: Über Refraktärstadien bei höheren Pflanzen Jb. wiss. Bot. **81**, 448 (1935)

UMRATH, K.: Der Erregungsvorgang. Hdb. der Pflanzenphysiologie, s. 24. Berlin-Heidelberg-Göttingen: Springer Verlag 1959

UMRATH, K.: Über die Erregungsleitung bei sensitiven Pflanzen mit Bemerkungen zur Theorie der Erregungsleitung und der elektrischen Erregbarkeit im allgemeinen. Planta (Berl.) **5**, 274 (1928)

UMRATH, K.: Über die Erregungssubstanz der Mimosoideen. Planta **4**, 812 (1927)

ZIEGLER, H.: In: Lehrbuch der Botanik. 31. Aufl. Strasburger, E. (Hrsg.), S. 462. Stuttgart, New York: G. Fischer 1978

Sitzungsberichte

der
Heidelberger Akademie der Wissenschaften

Mathematisch-naturwissenschaftliche Klasse

Jahrgang 1978

Springer-Verlag Berlin Heidelberg New York 1978

ISBN-13: 978-3-540-09290-2   e-ISBN-13: 978-3-642-46402-7
DOI: 10.1007/978-3-642-46402-7

Das Werk ist urheberrechtlich geschützt. Die dadurch begründeten Rechte, insbesondere die der Übersetzung, des Nachdruckes, der Entnahme der Abbildungen, der Funksendung, der Wiedergabe auf photomechanischem oder ähnlichem Wege und der Speicherung in Datenverarbeitungsanlagen bleiben, auch bei nur auszugsweiser Verwertung, vorbehalten.

Bei Vervielfältigung für gewerbliche Zwecke ist gemäß § 54 UrhG eine Vergütung an den Verlag zu zahlen, deren Höhe mit dem Verlag zu vereinbaren ist.

© by Springer-Verlag Berlin · Heidelberg 1978
Softcover reprint of the hardcover 1st edition 1978

Die Wiedergabe von Gebrauchsnamen, Warenbezeichnungen usw. in diesem Werk berechtigt auch ohne besondere Kennzeichnung nicht zu der Annahme, daß solche Namen im Sinne der Warenzeichen- und Markenschutz-Gesetzgebung als frei zu betrachten wären und daher von jedermann benutzt werden dürften.

Universitätsdruckerei H. Stürtz AG, Würzburg

Inhalt

Jahrgang 1978

H.W. Doerr
Beiträge zur Epidemiologie von Infektionskrankheiten am Modell
der humanen Herpesviren 1

H.J. Jusatz (Hrsg.)
Beiträge zur Geoökologe der Zentraleuropäischen Zeckenencephalitis 93

H. Meineke
Über Kronecker-Produkte irreduzibler Darstellungen von $SL(2, \mathbb{R})$ 167

H. Meineke
Mathematische Theorie der relativen Koordination und der
Gangarten von Wirbeltieren 261

F. Linder
Der Stand der chirurgischen Therapie in der modernen
Krebsbehandlung 337

H. Schildknecht
Über die Chemie der Sinnpflanze *Mimosa pudica L.* 371

If you have any concerns about our products,
you can contact us on
ProductSafety@springernature.com

In case Publisher is established outside the EU,
the EU authorized representative is:
**Springer Nature Customer Service Center GmbH
Europaplatz 3, 69115 Heidelberg, Germany**

Printed by Libri Plureos GmbH
in Hamburg, Germany